《电力反违章画册》编委会 编

电力反违章画册

中国电力出版社
CHINA ELECTRIC POWER PRESS

U0643111

图书在版编目（CIP）数据

电力反违章画册：赠送电力反违章主题桌游 /《电力反违章画册》编委
会编 . -- 北京：中国电力出版社，2025. 4. -- ISBN 978-7-5198-9996-7

Ⅰ. TM08-49

中国国家版本馆 CIP 数据核字第 2025H7M568 号

出版发行	中国电力出版社	印　刷	三河市航远印刷有限公司
地　　址	北京市东城区北京站西街 19 号	版　次	2025 年 5 月第一版
	（邮政编码 100005）	印　次	2025 年 5 月北京第一次印刷
网　　址	http://www.cepp.sgcc.com.cn	开　本	889 毫米 ×1194 毫米　64 开本
责任编辑	马淑范（010-63412397）	印　张	2.25
责任校对	黄　蓓	字　数	100 千字
装帧设计	赵姗姗	定　价	58.00 元（含 1 套桌游）
责任印制	杨晓东		

内容提要

为帮助现场工作人员加深对安全生产典型违章的理解和记忆，本书采用有趣的漫画形式，讲解 138 条典型违章、事故案例分析以及作业现场注意事项。主要内容分为五个部分，分别为行为违章、装置违章、管理违章、安全事故案例分析、作业现场注意事项。

本书可作为电力行业从业人员以及相关专业人员的安全培训用书，也可供大中专院校相关专业师生参考。

本书编委会

前　言

　　本书在国家电网公司安全生产典型违章 100 条的基础上，深刻理解《电力安全工作规程》原文并进行深度解读，通过漫画的形式对生产现场典型违章进行生动再现，为电力企业员工远离典型违章，学习好、理解好、执行好《电力安全工作规程》提供有效帮助。

　　在编绘过程中，本书重点遵循并努力使其具有写实性和准确性，本书真实再现了电力生产场景，保证了漫画的真实和严谨。与此同时，在不违背现场基本要求的情况下，本书漫画对人物造型和情节作适当的夸张，并大量采用拟人等手法，增强漫画的生动性。

目 录......

前言

1 进入作业现场未按规定正确佩戴安全帽。

2 进入工作现场，未正确着装。

安全带系好，
要高挂低用！

3 从事高处作业未按规定正确使用安全带等高处防坠
用品或装置。

4 作业现场未按要求设置围栏；作业人员擅自穿、跨越安全围栏或超越安全警戒线。

5 不按规定使用操作票进行倒闸操作。

6 不按规定使用工作票进行工作。

7 现场倒闸操作不戴绝缘手套，雷雨天气巡视或操作室外高压设备不穿绝缘靴。

8 约时停、送电。

9 擅自解锁进行倒闸操作。

10 防误闭锁装置钥匙未按规定使用。

11 调度命令拖延执行或执行不力。

监护人不管事，万一操作失误怎么办？

新拍的这部电影真好看，我要再看一遍。

12 专责监护人不认真履行监护职责，从事与监护无关的工作。

13 倒闸操作前不核对设备名称、编号、位置，不执行监护复诵制度或操作时漏项、跳项。

喂，只操作了一半，你们不能走！

14 倒闸操作中不按规定检查设备实际位置，不确认设备操作到位情况。

接地棒坏了，凑合着用吧。

15 停电作业装设接地线前不验电，装设的接地线不符合规定，不按规定和顺序装拆接地线。

16 漏挂（拆）、错挂（拆）标示牌。

17 工作票、操作票、作业卡不按规定签名。

18 开工前，工作负责人未向全体工作班成员宣读工作票，不明确工作范围和带电部位，安全措施不交代或交代不清，盲目开工。

19 工作许可人未按工作票所列安全措施及现场条件，布置完善工作现场安全措施。

20 作业人员擅自扩大工作范围、工作内容或擅自改变已设置的安全措施。

21 工作负责人在工作票所列安全措施未全部实施前允许工作人员作业。

22 工作班成员还在工作或还未完全撤离工作现场，工作负责人就办理工作终结手续。

23 工作负责人、工作许可人不按规定办理工作许可和终结手续。

24 检修完毕，在封闭风洞盖板、风洞门、压力钢管、蜗壳、尾水管和压力容器人孔前，未清点人数和工具，未检查确无人员和物件遗留。

25　不按规定使用合格的安全工器具、使用未经检验合格或超过检测周期的安全工器具进行作业（操作）。

26 不使用或未正确使用劳动保护用品，如使用砂轮、车床不戴护目眼镜，使用钻床等旋转机具时戴手套等。

27 巡视或检修作业，工作人员或机具与带电体不能保持规定的安全距离。

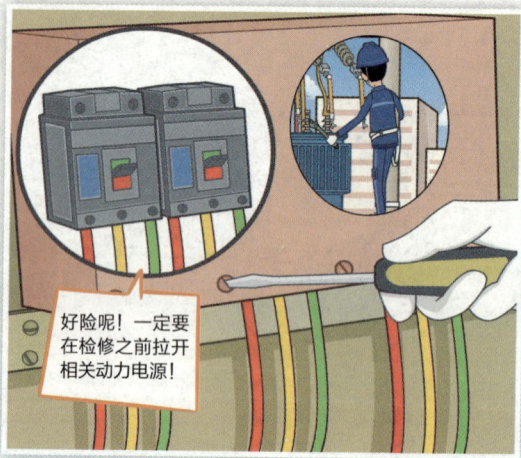

好险呢！一定要在检修之前拉开相关动力电源！

28 在开关机构上进行检修、解体等工作，未拉开相关动力电源。

29 将运行中转动设备的防护罩打开；将手伸入运行中转动设备的遮栏内；戴手套或用抹布对转动部分进行清扫或进行其他工作。

危险！

30 在带电设备周围使用钢卷尺、皮卷尺和线尺（夹有金属丝者）进行测量工作。

当心，上面有电！

31 在带电设备附近使用金属梯子进行作业；在户外变电站和高压室内不按规定使用和搬运梯子、管子等长物。

32 进行高压试验时不装设遮栏或围栏，加压过程不进行监护和呼唱，变更接线或试验结束时未将升压设备的高压部分放电、短路接地。

33 在电容器上检修时，未将电容器放电并接地或电缆试验结束，未对被试电缆进行充分放电。

34 继电保护进行开关传动试验未通知运行人员、现场检修人员。

35 在继保屏上作业时，运行设备与检修设备无明显标志隔开，或在保护盘上或附近进行振动较大的工作时，未采取防掉闸的安全措施。

36 跨越运转中输煤机、卷扬机牵引用的钢丝绳。

37 吊车起吊前未鸣笛示警或起重工作无专人指挥。

38 在带电设备附近进行吊装作业，安全距离不够且未采取有效措施。

39 在起吊或牵引过程中，受力钢丝绳的周围、上下方、内角侧和起吊物下面，有人逗留和通过。吊运重物时从人头顶通过或吊臂下站人。

40 龙门吊、塔吊拆卸（安装）过程中未严格按照规定程序执行。

41 在高处平台、孔洞边缘倚坐或跨越栏杆。

42 高处作业不按规定搭设或使用脚手架。

43 擅自拆除孔洞盖板、栏杆、隔离层或因工作需要拆除附属设施时不设明显标志并及时恢复。

44 进入蜗壳和尾水管未设防坠器和专人监护。

45 凭借栏杆、脚手架、瓷件等起吊物件。

46 高处作业人员随手上下抛掷器具、材料。

47 在行人道口或人口密集区从事高处作业，工作地点的下面不设围栏、未设专人看守或其他安全措施。

48 在梯子上作业，无人扶梯子或梯子架设在不稳定的支持物上，或梯子无防滑措施。

49 不具备带电作业资格人员进行带电作业。

50 登杆前不核对线路名称、杆号、色标。

51 登杆前不检查基础、杆根、爬梯和拉线是否正常。

52 组立杆塔、撤杆、撤线或紧线前，未按规定采取防倒杆塔措施或采取突然剪断导线、地线、拉线等方法撤杆撤线。

53 动火作业不按规定办理或执行动火工作票。

54 特种作业人员不持证上岗或非特种作业人员进行特种作业。

55 未履行有关手续即对有压力、带电、充油的容器及管道施焊。

56 在易燃物品及重要设备上方进行焊接，下方无监护人，未采取防火等安全措施。

57 易燃、易爆物品或各种气瓶不按规定储运、存放、使用。

58 水上作业不采取救生措施。

59 无证驾驶、酒后驾驶。

60 值班期间脱岗。

61 高低压线路对地、对建筑物等安全距离不够。

62 高压配电装置带电部分对地距离不能满足规程规定且未采取措施。

63 待用间隔未纳入调度管辖范围。

64 电力设备拆除后，仍留有带电部分未处理。

65 变电站无安防措施。

66 易燃易爆区、重点防火区内的防火设施不全或不符合规定要求。

67 深沟、深坑四周无安全警戒线，夜间无警告红灯。

68 电气设备无安全警示标志或未根据有关规程设置固定遮（围）栏。

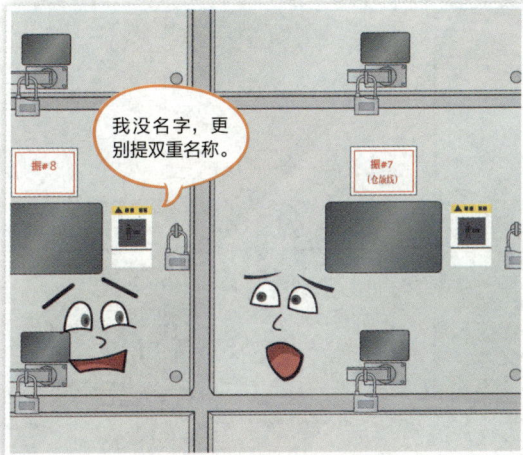

69 开关设备无双重名称。

70 线路杆塔无线路名称和杆号，或名称和杆号不唯一、不正确、不清晰。

71 线路接地电阻不合格或架空地线未对地导通。

72 平行或同杆架设多回路线路无色标。

73 在绝缘配电线路上未按规定设置验电接地环。

74 防误闭锁装置不全或不具备"五防"功能。

75 机械设备转动部分无防护罩。

76 电气设备外壳无接地或接地损坏。

77 临时电源无漏电保护器。

78 起重机械，如绞磨、汽车吊、卷扬机等无制动和逆止装置，或制动装置失灵、不灵敏。

79 安全第一责任人不按规定主管安全监督机构。

80 安全第一责任人不按规定主持召开安全分析会。

81 未明确和落实各级人员安全生产岗位职责。

82 未按规定设置安全监督机构和配置安全员。

83 未按规定落实安全生产措施、计划、资金。

84 未按规定配置现场安全防护装置、安全工器具和个人防护用品。

85 设备变更后相应的规程、制度、资料未及时更新。

86 现场规程没有每年进行一次复查、修订，并书面通知有关人员。

87 新入厂的生产人员，未组织三级安全教育或员工未按规定组织《安规》考试。

88 特种作业人员上岗前未经过规定的专业培训。

89 没有每年公布工作票签发人、工作负责人、工作许可人、有权单独巡视高压设备人员名单。

90 对事故未按照"四不放过"原则进行调查处理。

91 对违章不制止、不考核。

92 对排查出的安全隐患未制定整改计划或未落实整改治理措施。

93 设计、采购、施工、验收未执行有关规定，造成设备装置性缺陷。

94 未按要求进行现场勘察或勘察不认真、无勘察记录。

95 不落实电网运行方式安排和调度计划。

随便干预运行人员操作，这是违章行为啊！

还没检修完就让我停止操作、撤离人员，这怎么行呢？

96 违章指挥或干预值班调度、运行人员操作。

97 安排或默许无票作业、无票操作。

98 大型施工或危险性较大作业期间管理人员未到岗到位。

99 对承包方未进行资质审查或违规进行工程发包。

明天就要开工了，您承包的工程还未签订安全协议。

还签什么协议，咱们都是老熟人了，你还不放心我？

100 承发包工程未依法签订安全协议，未明确双方应承担的安全责任。

2010 年 10 月 14 日，某供电公司带电除缺过程中，作业人员王某擅自摘下绝缘手套作业，左手拿着螺母靠近中相立铁（接地体），举起右手时，与遮蔽不严的放电线夹（带电体）放电，造成 1 人死亡。

101 现场操作不戴绝缘手套。

  2013 年 3 月 7 日，某供电公司对用户自建 10 千伏配电室业扩项目竣工进行验收时，高压进线柜前后柜门均为打开状态，手车开关在试验位置，下柜电压互感器手车未推入开关柜。工作人员在未确认无电且未采取安全措施的情况下，擅自进入打开状态的 10 千伏进线开关柜核查二次接线，因与带电设备安全距离不足，线路电压互感器高压侧对其头部及双手放电，造成 1 人触电死亡。

102 **不按规定使用工作票进行工作。**

2015 年 3 月 18 日，某供电公司在进行 110 千伏母线故障抢修过程中，一名工作人员误入邻近的开关柜柜内后，故障检查时，手车被拉出开关仓，且触头挡板被打开，柜门掩合，检查结束后未及时恢复；线路对端未停电，开关柜线路侧出线带电，导致该工作人员触电灼伤。

103 工作负责人在工作票所列安全措施未全部实施前允许工作人员作业。

2015年3月23日，某供电公司在进行开关和电流互感器例行试验，工作人员在柜后做准备工作时，误将开关柜上柜门母线桥小室盖板打开（小室内部有未停电的10千伏母线），触及带电设备造成1人死亡。

104 专责监护人不认真履行监护职责。

　　2018 年 5 月 20 日，某变电公司负责对两条 220 千伏线路进行线路参数测试。试验人员在线路未接地时，直接拆除测试装置端试验引线，且未按规定使用绝缘鞋、绝缘手套、绝缘垫。线路感应电压通过试验引线经人体与大地形成通路，工作负责人未采取防护措施盲目施救，导致 2 人触电死亡。

105 未按规定使用绝缘鞋、绝缘手套、绝缘垫。

2019 年 7 月 18 日，某电业局进行电容器修试工作。在电容器进行放电过程中，工作班成员触碰未经充分放电的电容器，引起人身触电，经抢救无效死亡。

106 违反电容器检修规定。

　　2019 年 7 月 25 日，某供电局检修班王某完成故障电压互感器穿柜绝缘套管更换工作后，发现电压互感器柜内挡板卡涩，于是走至相邻带电的开关柜前，并弯腰进入柜体内，随后触电死亡。

107 电容器检修前未充分放电并接地。

　　2019 年 7 月 30 日，工作负责人李某带领 7 名工作人员进行 10 千伏线路两杆间工作。施工单位联络人韩某命令工作班成员孙某对该线路南线正在施工的两杆之外的另一电杆进行故障指示器加装工作（该项工作不在当日计划内）。孙某带领另一名工作登杆，引起触电摔落，经抢救无效死亡。

108 作业人员擅自扩大工作范围、工作内容。

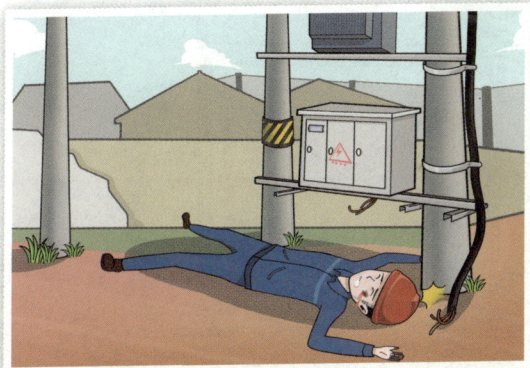

2019 年 8 月 1 日，某供电局配网抢修人员在处理变压器高压跌落熔断器熔丝熔断过程中，周某发现变压器高压侧避雷器接地引下线松脱，私自进行工作，引起触电，经医护人员抢救无效死亡。

109 违反"超出作业范围未经审批的不干"规定。

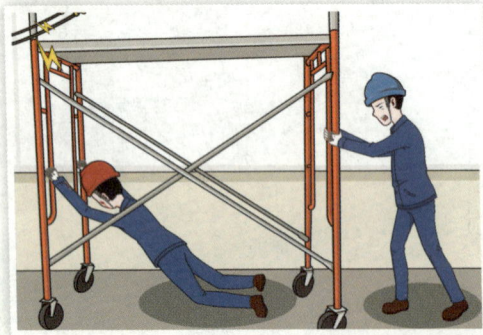

2019 年 8 月 15 日，某公司实施 110 千伏变电站 10 千伏开关室外墙粉刷工作，两条相关 10 千伏线路按计划停运，邻近的一条 10 千伏线路在运行中。在工作过程中，工作班成员在移动脚手架过程中，误碰运行中的 10 千伏线路，造成两人触电，其中一人经抢救无效死亡，一人轻伤。

110 高处作业不按规定搭设或使用脚手架。

　　2014 年 10 月 13 日上午，某公司员工培训期间，学员李某在进行登杆训练时，因脚扣意外脱落，下坠过程中背部安全防坠器速差动作，安全带相对身体上提，导致胸前锁固横带猛烈冲击下颌，引起颈椎骨错位，现场紧急施救和医院急救无效死亡。

111 **未按规定使用安全工器具。**

　　2015 年 5 月 3 日，某分包承建单位，在未经某送变电工程公司施工项目部批准的情况下，擅自更改施工计划，进入计划外的杆塔现场，未严格按照施工方案规定工序组立抱杆，防倾倒临时拉线技术措施不完善，抱杆倾倒造成 3 人死亡。

112 违反"超出作业范围未经审批的不干"规定。

　　2016年9月2日上午，某检修公司在330千伏变电站开展带电检测工作时，一名检测人员在构架上移位时解开安全带，发生高空坠落，经医院抢救无效死亡。

113 未按规定使用安全工器具。

　　2017 年 5 月 14 日，某送变电公司承建的 110 千伏输电工程中，立铁塔时使用与地脚螺栓不匹配的螺母，紧固力不足。在铁塔进行光缆紧线施工时，铁塔因受潮向内角的水平力产生上拔造成铁塔整体倒塌，导致 4 人随塔坠落死亡。

114 违反"杆塔根部、基础和拉线不牢固的不干"规定。

　　2017年10月28日，某建设集团施工项目部，组织两名作业人员登杆开展400伏线路新立电杆横担金具安装时，新立电杆未安装卡盘、底盘和临时拉线，回填土未夯实，导致电杆倾倒，造成2人随杆坠落死亡。

115 **违反"杆塔根部、基础和拉线不牢固的不干"规定。**

2018年6月11日，某电力实业集团的4名劳务人员，在建设管理及施工单位未安排工作的情况下，私自上山清理物料，返回驻地时私乘运送物料的吊篮，滑索失控吊篮解体，导致4人高空坠落死亡。

116 **从事高处作业未按规定正确使用安全带等高处防坠用品或装置。**

　　2019年7月3日，某建筑工程有限公司组织施工人员对输电线路工程塔基坑进行基础开挖作业，后因柴油机发生故障，短时间内不能恢复正常作业，2名工作人员在基坑里窒息死亡。

117 违反"有限空间内气体含量未经检测或检测不合格的不干"规定。

　　2009年3月9日，某供电公司在对110千伏输电线路进行停电更换电流互感器时，操作人对隔离开关断路器侧逐相验电完毕后，在隔离开关处做安全措施时，监护人低头拿接地线协助操作人，操作人误将接地线挂向隔离开关母线侧B相引流，引起母线对地放电，造成母线失压。

118 未严格执行"操作五制"，监护人员未认真履行监护职责。

2012 年 6 月 17 日，某供电公司 110 千伏输电线路，因下方施工吊车触碰造成保护越级，引起 8 座 110 千伏变电站失压，损失负荷约 21.4 万千瓦。

119 在带电设备附近进行吊装作业，安全距离不够且未采取有效措施。

　　2014 年 9 月 15 日，某供电公司 220 千伏母线停电检修，因工作需要，检修人员改变了停电设备的运行方式，工作完成后未及时恢复；送电人员送电时未核对设备状态，就使用解锁钥匙操作，送电时引起母线失压。

120 **不按规定使用工作票进行工作。**

2014 年 12 月 21 日，某送变电公司更换 500 千伏开闭站 TA 后，对该 TA 进行试验时，因 TA 二次绕组与母差保护间连接片未断开，导致测试电流进入母差回路，引起母差误动作。

121 开始工作前不明确工作范围和带电部位，安全措施不交代或者交代不清，盲目开工。

　　2015 年 3 月 17 日，某电力公司 750 千伏变电站 220 千伏 Ⅲ 母停电检修中，工作人员不听从监护人员制止，擅自抛掷个人保安线，引起运行中Ⅳ母 A 相故障，母差保护动作，220 千伏Ⅳ母失压，造成一座 220 千伏变电站失压，一座 220 千伏变电站和某自备电厂与系统解列，损失负荷 6.7 万千瓦。

122 违返高处作业相关安全规定。

　　2018年11月，某检修公司在进行500千伏2号母线运行转检修操作过程中，变电站运维人员走错间隔、擅自解锁、带电合500千伏1号母线接地开关，导致1号母线差动保护动作跳闸，跳开500千伏5011、5021、5051、5061断路器，造成500千伏蒲咸Ⅱ回线及其所带的某电厂4号机（1×100万千瓦）停运。

123 违反"先验电，后接地"规定，擅自解锁进行倒闸操作。

　　2016 年 6 月 18 日，某供电公司 35 千伏输电线路电缆中间头爆裂，引起沟内可燃气体闪爆。同时 330 千伏南郊变电站（110 千伏韦曲变电站）站用交直流电源同时失压，全站保护及操作电源失效，保护无法动作造成故障越级，延时切除故障引起主变压器烧损，造成 1 座 330 千伏变电站及 8 座 110 千伏变电站失压，共计损失负荷 24.3 万千瓦。

124 **易燃易爆区、重点防火区的防火设施不全或不符合规定要求。**

2016 年 11 月 24 日，某电厂三期在建项目冷却塔施工平台发生倒塌事故，造成 74 人死亡、2 人受伤，直接经济损失 10197.2 万元。

125 **未按要求制定拆模作业管理控制措施，对拆模工序管理失控。**

2015 年 8 月 12 日，某公司危险品仓库发生火灾爆炸事故，造成 165 人遇难、8 人失踪，798 人受伤，304 幢建筑物、12428 辆汽车、7533 个集装箱受损。

126 **违反危险品存放相关规定。**

班前会会议记录

班（组）：　　　　年　月　日

127 开好班前会。

128 办理好工作票。

输电专业工器具

标准化作业
安全工器具　检工工器具　施工材料

变电专业工器具

带电专业工器具

129 配备好工器具。

130 制定流程单。

131 制定作业书。

132 穿好标准工作服。

133 统一准入证。

前方施工
请绕行

134 圈定作业区。

135 用好月度安全自检卡。

136 佩戴对讲机。

137 安装布控球。

非工作人员
禁止入内

安全监督

138 常备验电笔。